JN001152

みずすまし

林 伸一
HAYASHI SHINICHI

幻冬舎 MC

突然ですが、お願いがあります。
もう少し、大切にしてくれませんか……？
アヤしいものではありません。
僕です。
日ごろから皆さんのそばにいる「水」です。

さっき、手を洗いながら僕を流しっぱなしにしていましたよね……。
喉が渇いて冷蔵庫を開け「水しかないのかよ!」って
悪態ついていたときのことも、
「あ〜あ、雨かよ〜」って僕を邪険にした日のことも覚えています……。

確かに、蛇口をひねればいつでも出てくるし、
飲んでも味なんかしないし、
梅雨なんて、しつこくジメジメしますとも。

でも皆さんの扱いは「あんまりだなあ」と思ってしまうんです。

普段は湖の水面のように穏やかな僕です。
しかし、怒るときは怒るんです。
泡を出してグツグツ煮えたぎり、荒れ狂う波のように暴れ、

濁流となってすべてを飲み込みます。
僕が怒ってしまうと怖いんですよ。

え？　「水に流せ」ですか？
「長い付き合いなのに、水臭いことをいうな」って？
そうですね。もうやめましょう。

皆さんの体の３分の２は僕だということ、知ってますか？
悲しいときや苦しいときに、皆さんの目からこぼれ落ちる涙だって、
僕の分身です。

僕のお願いは一つです。
もう少し、僕のことを見直していただけないでしょうか？
もし、もっと皆さんが僕をうまく使ってくれたら——。
これから皆さんを、奇想天外な水の世界に案内します。
宇宙一美しい地球が青く輝き続けるために、
皆さんの体と生活がみずみずしく豊かに保てるように、

僕のこと、もっと知ってください。
そして、水が秘めている可能性を想像してみてください。

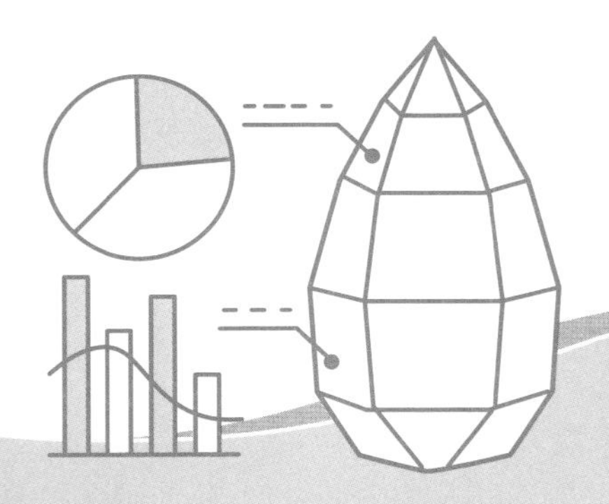

イラスト　YAGI

Part 1

みずのはなし

Trivia of WATER

水は宇宙からやってきた

生命の源、「水」。
まずはそんな水の起源についてお話をしたいと思います。

水が誕生した一つの説として、地球を形成した隕石によって水がもたらされたという説があります。
およそ46億年前、地球は隕石と衝突を繰り返し、徐々に大きくなっていました。
そしてこの隕石には水が含まれており、地表に衝突すると熱を発するため、水は水蒸気となり、地表に留まったのです。
その後、隕石の衝突が減るにつれて地球の温度が低下し、地球を覆っていた水蒸気が雲となり、雨になって地表に降り注いだのです。

これが水の誕生といわれています。

引力と温度のバランスが絶妙

それでは、他の星に水がないのはなぜでしょうか。
ポイントは、引力と温度です。
地球に最も近い月は、地球よりも小さく、引力が弱いため、隕石によって水がもたらされたとしても地表に留めておくことができません。
火星にはそれなりの引力があり、かつて水が存在していた痕跡があるともいわれていますが、地球よりも太陽からの距離が遠いため、水は凍ってしまいます。
逆に、地球より太陽に近い金星や水星は太陽の熱で水が蒸発してしまうのです。
つまり、地球が水で覆われているのは、水を地表に留められる適度な引力と液体の状態で維持できる適度な温度（≒太陽との距離）なのです。
このようにあらゆる偶然が重なって、水が誕生し、地球で生物が生きていけるわけです。

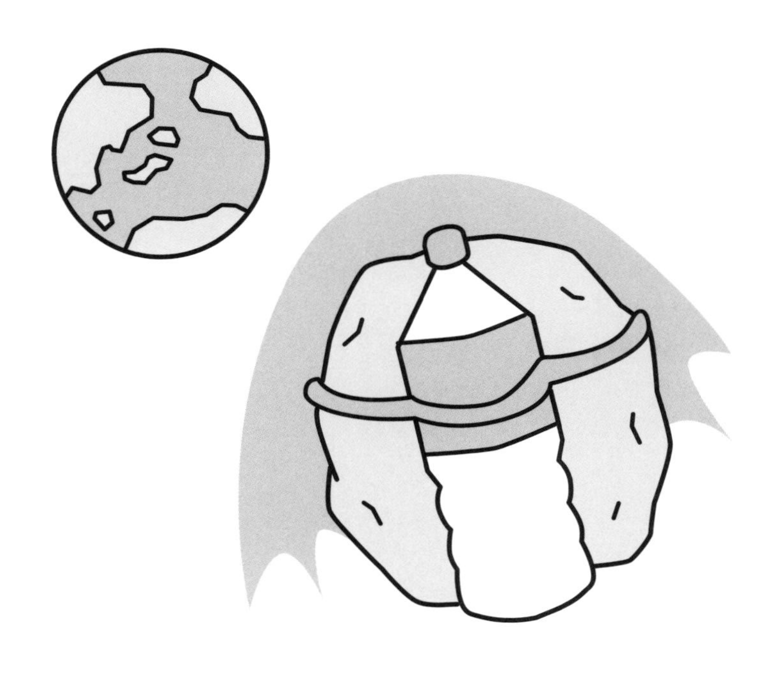

灼熱の惑星がなぜ「水」星？

水星は太陽系の惑星のなかで最も小さい惑星で、サイズは地球の約５分の２。引力が弱く、水を地表に留めることができません。
さらに惑星のなかで太陽に最も近く、灼熱の星のため、水が液体として存在することは到底できません。
それなのに……水星？
この名がついた背景には、曜日の語源でもある五行思想があります。
五行思想は、この世のあらゆるものが木・火・土・金・水の5元素によって成り立つと考える思想。
これをもとに、当時、存在が確認されていた惑星に、木星、火星、土星、金星、水星と名前が割り振られたのです。

ところが、近年の宇宙探査で、水星に氷があることが分かりました。
実は水星は、水星と呼ぶにふさわしい星だったのですね。

地表で循環する水の総量は決まっている

水は固体（氷）、液体（水）、気体（水蒸気）と形を変えながら地球上を循環しています。
氷や水は海や地面から蒸発し、その水蒸気は雨として海などに降り注ぎ、止まることなく巡るのです。
その量はなんと１年間で約496兆トン！
固体、液体、気体という形は変わりつつも、地表での総量は変わらないため、海は涸れることも溢れることもないのです。

496兆

水道代は地域によって7倍の差がある!?

水道料金は地域によって差があります。
20㎥あたり、全国平均は3200円ほどですが、東京や大阪は2000円ちょっと。
札幌、さいたまなどが3000円以上。
1000円に満たない地域があれば、東北地方の一部のように6000円超の地域もあります。
実に安い地域と高い地域の差が約7倍。
なぜこのような差があるかというと、水道事業は各自治体の事業であるため。
地域の人口、水源との距離、水質、水を引くための費用、浄水施設の運用費用、施設の老朽化の度合いなどによって収支が変わり、水道料金も変わるのです。

水を飲み過ぎると死ぬ

水中毒とは、水を大量に飲むことで、血液中のナトリウム濃度（塩分）が下がり、低ナトリウム血症という状態になることです。
具体的な症状としては、疲労感、めまい、頭痛、嘔吐。
さらに進行すると意識障害、痙攣、こん睡状態となり、最悪の場合は呼吸困難となって死んでしまいます。

水太りは水を飲んで解消する

水は0カロリーですから、いくら飲んでも贅肉にはなりません。
では、水太りとはなんなのか。
水太りは、新陳代謝の低下によって脚などがむくみ、太って見える状態です。
代謝が正常であれば汗や尿によって老廃物が外に出ます。
その機能が低下するため、余分な水分がたまってしまうわけです。
しかし、水太り解消のために水分を控えるのは、老廃物が余計にたまりやすくなり、逆効果です。
水太りを解消するためには、むしろ水を飲むのが正解。
水を飲み、代謝を良くすることが重要なのです。

ミネラルウォーターと天然水は別のもの

スーパーマーケットなどに行くと、天然水やミネラルウォーターと書かれた水が売られています。
このような水にはどんな特徴があるのでしょうか。
天然水は、特定の水源から取った地下水が原料で、その水をろ過したり、殺菌処理したものです。
特定の水源とは、井戸水、湧水、鉱水、温泉水などのこと。
取水地によっては天然水にミネラルが含まれ、どこで取ったかによってミネラルも異なります。
一方のミネラルウォーターもミネラルを含む天然水です。
ただし、天然水そのままではなく、ミネラルを加工したり、複数の水源から取った水を混ぜたりしています。
つまり、元となる水は同じですが、ミネラルの調整などをしているものがミネラルウォーター、無加工のもの（ろ過や殺菌処理のみ）が天然水ということです。

水を飲まずに生きられる動物がいる！

人間は、水がなければ死んでしまいます……。
動物や植物だけでなく、菌類も水を必要とします。
例えば、野菜や魚などは乾燥させることによって長期保存できるようになります。
袋に乾燥剤が入っているお菓子なども長持ちします。
いずれの場合も共通しているのは乾燥させているという点です。
食べ物を腐らせる菌類は、食べ物に付着し、食べ物に含まれている栄養と水をエサにして増殖します。
つまり、食べ物を乾燥させて水分が減ることにより、菌が死滅しやすくなり、その結果として食べ物が腐りづらくなるわけです。
一方で、なんと水をほとんど飲まずに生きている生物もいます。
砂漠に住むカンガルーネズミがその一つ。
エサとして食べる植物の水分だけで生き延び、水を飲まなくても生きられるといわれています。
ただ、エサとなる植物は必要ですから、水がなくなり、植物が絶滅した場合にはカンガルーネズミも生き延びられません。
人など細胞の中で増殖するウイルスも同じで、ウイルスそのものは水なしでも生きられますが、宿主が絶滅すると増殖できなくなります。
つまり、生態系すべてとして考えると、水がなければ生物は生きられないのです。

砂糖も塩ももともと透明

砂糖の色は白です。
しかし、水に溶かすと透明になります。
塩の色も白です。
しかし、やはり水に溶かすと透明になります。
このような色の変化が起きるのは、砂糖や塩の結晶がもともと透明だからです。
砂糖や塩の結晶は、量が集まると光が乱反射して白く見えます。
しかし、水に溶けて結晶がばらばらになると乱反射しなくなるため、溶けたときに透明に見えるのです。

工事中

雨の匂いは地面の匂い

水は無臭です。ところが、雨が降っているときや降りそうなときには、雨の匂いがします。あれは雨の匂いなのでしょうか。
雨の匂いにはペトリコールという名前があり、実際には雨そのものではなく、地面から匂いが発生しています。
匂いのもとは地面に含まれる油や土壌の細菌が作る化合物など。
これらが雨によって空気中に舞い上がり雨の匂いとなるわけです。

水には純度がある

水はものを溶かす力が強いため、日常生活で飲んだり使ったりする水にはさまざまなものが混ざっています。
例えば、水道水には塩素処理の残留塩素が含まれますし、ミネラルウォーターはナトリウム、マグネシウム、カルシウム、カリウムなどのミネラルが含まれています。
不純物の量はどれくらいかというと、50mのプールに水道水をためた場合、ドラム缶数本分の不純物が溶け込んでいるといわれます。
ただし、水を精製して不純物を取り除くことにより、純粋なH_2Oに近づけることもできます。
例えば、ろ過すると小さなゴミや菌類などが取り除けます。
一度沸騰させ、水蒸気にしてから水に戻したり、水に含まれるイオン成分を取り除くこともできます。
このような方法で精製した水を純水といいます。
純水に含まれる不純物は50mのプールで角砂糖一つ程度の量です。また、さらに高度に精製し、50mのプールで耳かき１杯程度の量まで不純物を取り除くと、純水よりもH_2Oに近い超純水となります。
純水や超純水は、飲料や薬品の原料として使われたり、不純物の混入が不良原因になる精密機械の工場などで洗浄水として使われます。

純水はおいしくない

水はろ過したりイオン成分を取り除くことにより、純度が高い純水や超純水にすることができます。
純水や超純水は、名前からしておいしそうに感じるかもしれません。
しかし、そうとは限りません。
おいしさは感覚ですから個人差がありますが、そもそも水をおいしく感じるのは水の中に適量のミネラルが含まれているからです。そのため、精製過程でミネラルを取り除いた純水などは、味がなくなり、風味もなくなります。
まずいは「不味い」、味がしないと書きます。
純水、超純水はまさにその状態で、味がしないのでおいしくないわけです。

不規則な音だから癒される

水には人の心を癒す効果があるといわれます。
お風呂に浸かる、雨音を聞く、波音を聞く、川の流れを眺めるといったことで心が安らぐ人もいるでしょうし、疲れたときに飲むコップ１杯の水も癒しといえるでしょう。
触る、聞く、見る、味わうなど、水が癒しになる要因はさまざまですが、雨音、波音、川のせせらぎなどが心地よいのは「ｆ分の１ゆらぎ」に理由があるのだとか。ｆ分の１ゆらぎは、自然界によく見られるゆらぎ（予測できない不規則な動き）で、人の体も、例えば、心拍や脳波のα波などに同様のゆらぎがあるそうです。
このゆらぎは発生原因など不明点がたくさんありますが、見たり聞いたり感じた人が心地よく感じるというデータがあります。
だから、ｆ分の１ゆらぐ雨音、波音、川のせせらぎなど、規則性があるようで、どこか不規則にゆらぐ音が心の癒しになるというわけです。

トイレの「小」は日本だけ

海外旅行をしたときに気がついた人がいるかもしれません。
外国の便器（個室用）についている水を流すためのレバーには、日本では当たり前の「大」と「小」の表示がないのです。
なぜ「小」があるのかというと節水のためです。
大で流したときに８リットルの水が流れる便器の場合、小で流すときの水量は６リットルで、２リットルの節水になります。
最近は節水タイプの便器が増え、大でも５リットルほどで収まるものがありますが、この場合も小のほうが水量が少なく、節水になります。

味の決め手は素材と水

水には硬度があります。
硬度は硬さの度合いですから、水のような液体の場合はイメージが湧きづらいかもしれません。
水の硬度とは、カルシウムやマグネシウムなどの含量で決まります。
軟水は硬度100mg/L未満の水、硬水は硬度100mg/L以上の水を指し、ミネラルが多い水が硬水、少ないものが軟水というわけです。
日本が産地の水はほとんどが軟水で、飲み慣れていることもあってか、飲料水としても軟水を好む人が多い傾向があります。
一方、欧州産地の水は硬水が多く、軟水と比べて味の特徴やクセが強くなります。
軟水に慣れた日本人は飲みづらいと感じる人が多いかもしれません。まさに「水が合わない」状態です。
軟水と硬水では、料理との相性も異なります。
日本は前述のとおりクセのない軟水が多いため、米を炊いたり日本茶を入れるときなどは軟水を使うことによって風味を高めることができます。
風味が大切な出汁、コーヒー、紅茶も軟水のほうが相性が良いといえるでしょう。
一方、欧州は硬水が多いため、西洋料理も硬水が合います。
例えば、シチューのような煮込み料理やパスタをゆでるときには硬水がおすすめです。

水でお腹を壊すことがある

海外旅行したときに現地の水を飲むとお腹を壊すことがあります。
お腹を壊す原因は水に含まれる細菌です。
そのため、水そのものはもちろんですが、水洗いした生野菜のサラダや、飲み物などに入っている氷にも注意が必要。
また、欧州の水はカルシウムやマグネシウムなどのミネラルを多く含む硬水であるため、軟水に慣れた日本人になじまず、体調が悪くなることもあります。

外国は水でもめる

日本の水は日本国内の川や湖を水源としていますので、水源を巡って他国と争うことはありません。
しかし世界には複数の国を通る国際河川や国際湖沼と呼ばれる水源があり、水量、利用権、水質などを巡って争いが生まれます。
例えば、インドとパキスタンは、両国が独立したときにインダス川の水利管理で争いました。
インドはガンジス川の水利でバングラデシュとも争っています。
ドナウ川流域では、上流でダムを作りたいスロバキアと、その影響を懸念するハンガリーがもめ、チグリス・ユーフラテス川においてもトルコ、シリア、イラクがダム建設を巡って軍隊が出動するほどのもめ事を起こしました。

下水整備はコレラがきっかけ

下水道は、家庭や工場などから出る汚水が嫌な臭いなどを発生させるのを防ぎます。
また、汚水が原因となるコレラなどの伝染病を防ぐ効果もあります。東京を例にすると、人口が増え始めていた1877年にコレラが流行し、5000人もの死者が出ました。
これがきっかけとなって神田下水が作られました。

VS

密度が1g/1㎤より高いものは沈む

水に浮くかどうかのボーダーラインは、密度が水（1g/㎤）より高いか低いかです。高ければ沈み、低ければ浮きます。

そのため、水より密度が低い発泡スチロールは、1トンでも10トンでも水に浮きます。一方、水より密度が高い鉄は1gでも1mgでも沈みます。

また、真水のプールと海水を比べると、海水はナトリウムなどを含むため密度が高くなります。そのため、プールと比べて海のほうが浮きやすくなります。

筋肉質の人が沈み、太っている人が浮くことも密度で説明できます。体脂肪の密度は0.9g/㎤、筋肉や骨などの密度は1.1g/㎤くらいですので、脂肪が少ない人ほど沈みやすいのです。

鉄でできた船

水の中の物体は、その物体と同じ量の水の重さ分だけ浮力を受けます。これはアルキメデスの原理で、水に浮くかどうかを決める要因でもあります。

例えば、体積1㎤の物体を水に入れた場合、水1㎤の重さである1gより軽ければ浮きます。重ければ沈みます。

では、1㎤の重さが水より重い鉄でできた船が浮かぶのはなぜなのでしょうか。

水に浸かる部分がすべて鉄の塊でできていたとしたら、間違いなく船は沈みます。しかし実際は底の部分だけが鉄板で、内側は空洞です。つまり、鉄板と空洞の部分を足した重さがそれと同じ量の水の重さより軽いため、船は浮くことができるのです。

水災が百万人単位の犠牲を出すことも

洪水、津波、集中豪雨、河川の氾濫などは多くの犠牲者を出すことがある怖い災害。
日本では東日本大震災のときに発生した津波が多くの死者と行方不明者を出すことになってしまいました。
海外では、中国の長江や黄河の氾濫で数百万人の死者が出たことがあるほか、インドやバングラデシュではスーパーサイクロンによる高潮、インドネシアはスマトラ沖地震による津波で、それぞれ十万人単位の死者が出ました。

湖、沼、池には区別の基準がある

湖、沼、池には定義の違いがあります。
湖は水深５m以上のもの、沼と池は水深５m未満のものを指します。また、沼は底に植物が生息しているもののことです。池にはそのような条件はなく、ダムなどの人工的なものも池に区分されます。
ちなみに泉も似ていますが、湖、沼、池がいずれも水がたまっている場所であることに対して、泉は地中から水が湧き出している場所を指します。

雨、雪、ひょうはなにが違う

雨は大気の温度によってみぞれ（霙）になったり雪になったりします。
ほかにも、あられ（霰）、ひょう（雹）などさまざまな分類がありますが、なにが違うのでしょうか。
雪は液体ではなく氷の結晶として固体で降ってきます。
みぞれは雪と雨が同時に降ることです。
ひょうとあられはいずれも氷の粒で、ひょうは直径５mm以上の粒、あられは直径５mm未満の粒です。

琵琶湖の水を止めると滋賀県も困る

「琵琶湖の水、止めたるで」は、滋賀県民が大阪府民や京都府民にいう鉄板ネタ。
大阪や京都を流れる川は天然の巨大ダムともいえる琵琶湖を水源としているため、滋賀を悪くいうなら命の源泉である水を止めるぞ、というわけです。
もちろん、琵琶湖の水を本当に止めると下流域は死活問題です。
ただし、同時に琵琶湖の水が流せなくなり、滋賀も水没する可能性があります。

水は常に蒸発している

水は100度で沸騰し、水蒸気になります（1気圧の場合）。
しかし、100度にならなくても水蒸気になります。例えば、お風呂の湯気などは蒸気です。雨上がりに水たまりが消えるのも、濡れた洗濯物が乾くのも、常温で水が気化するからです。
なぜ２通りの気化があるのでしょうか。
ポイントは沸騰と蒸発の違いです。
沸騰は、100度に近づくことによって水の分子の結合が解け、水の内部で気化が始まることです。お湯を沸かしているときに出る気泡は水の中で水蒸気になったものです。
一方の蒸発は水の内側ではなく表面で気化することを指します。周りの空気の水分量（湿度）が少ないときや熱が加わったときなどに、一部の水の分子が結合を離れて空気中に出ていきます。晴れた日に洗濯物が乾くのは、このような条件がそろっているからです。

琵琶湖の水
止めたろか？

唐辛子系の料理は水で余計に辛くなる

カレーと水はセットのようなもの。
しかし、辛いときに水を飲むと逆効果という説もあります。
実際はどうなのでしょうか。
辛さにはいくつかのタイプがあります。
例えば、わさびやマスタードは揮発性の辛味であるため、水を飲むと辛さを洗い流すことができます。
つまり、お寿司のわさびが強過ぎたときはお茶を飲むと和らぎます。
一方、唐辛子のカプサイシンは水に溶けにくいため、水を飲むと辛味が口中に広がってしまい、余計に辛く感じることがあります。
これが辛さに水は逆効果といわれる理由です。

水は拷問にも使われてきた

水は使い方によって武器にもなります。
よく知られているのが暴動を制圧するための放水砲です。
致死性が低い水鉄砲でデモ隊などを鎮圧します。
一方で、水の武器性を利用して拷問に使われてきた歴史もあります。
例えば、囚人などの頭に水滴を絶え間なく垂らし続ける水拷問があります。
水滴なら痛くないと思うかもしれませんが、昼夜問わず水滴が垂れる状態で、拷問されている人は正気を失ってしまいます。
また、大量の水をかけたり、飲ませたり、逆さにして水に沈めるといった拷問も古くから東洋、西洋で行われてきました。
腰の高さくらいまである水槽に放り込む水牢は日本でも江戸時代に行われていたといいます。

（おまけ）水の慣用句の語源を知ろう

水入り：相撲の取り組みで勝負が長引くと、行司がいったん取り組みを休止します。これを水入りと呼ぶ理由は、休止の間に力士が土俵脇にある桶の水（力水）で口をすすいだりするためです。

水臭い：親しい人が他人行儀になることです。水は基本的には無味無臭。水が臭いとはどういうことなのでしょうか。水で薄めると味が薄まります。水っぽい食べ物も味気がありません。その状態を比喩として、味気なく、素っ気ない振る舞いを水臭いというようになりました。

水に流す：確執や過去の出来事をきれいさっぱり忘れることを水に流すといいます。これは、滝に打たれたり川に浸ったりして罪の意識などをすすぎ落とすことが語源。それが転じて、人間関係のいざこざを流し落とす際の表現に使われるようになったのです。似た言葉にみそぎを済ますのみそぎがありますが、これも身をすすぐが語源でみそぎになったといわれています。

水をさす：盛り上がっているときに余計なことを言ったり、口出しや干渉をしてしらけさせることです。水をさすと表現するのは、盛り上がって沸騰している熱湯に水を入れると温度が急に下がることからきています。

水いらず：仲が良いことを水いらずといいます。語源は諸説ありますが、同じ杯でお酒を飲むときに、仲が良ければいちいち杯を洗う必要がなく、水を使う必要がないため、水いらずというようになったそうです。反対の意味を持つ慣用句は、水と油です。

Part 2

みずのでーた

WATER Data

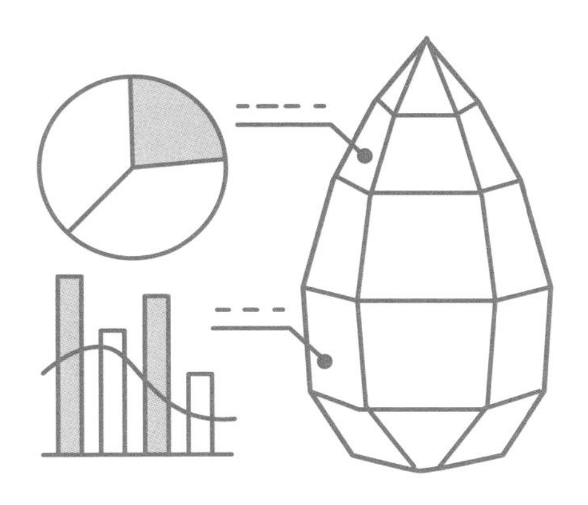

9カ国

水道水がそのまま飲める国の数。

アイスランド、アイルランド、ドイツ、ニュージーランド、ノルウェー、オーストリア、フランス、スイス。日本もそのまま水道水が飲める数少ない国の一つ。そのまま飲めるが、注意が必要な国は21カ国です。海外で水を飲んだらもしかしたらお腹を壊しちゃうかもしれません。

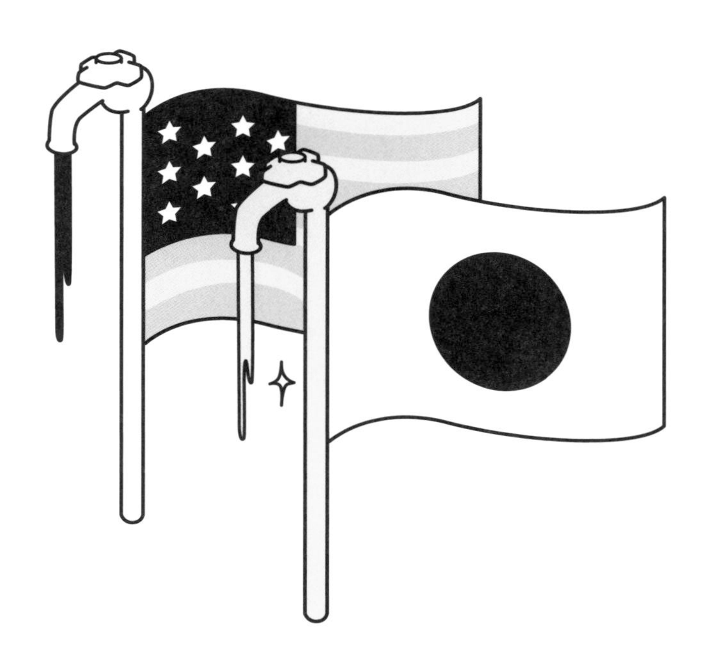

200ml

人が睡眠中にかく汗の量。

熱帯夜は寝汗の量も増えやすくなり、400〜600mlの汗をかくこともあります。

10,000リットル

1回の消防活動で使う水の量。

建物の火災で消火に使う水は、家庭用の浴槽の約50杯分に及びます。水そう車と呼ばれる水を運べる消防車は、約10,000リットルの水を積むことができます。

20％減

命が危険になる脱水の割合。

人は体内の水分が２％減ると喉が渇きます。その後、３％で食欲がなくなり、４％で体温が上昇し、尿が出づらくなります。10％減ると筋肉の痙攣、循環不全、腎不全になり、20％減ると命を落とす危険にさらされます。

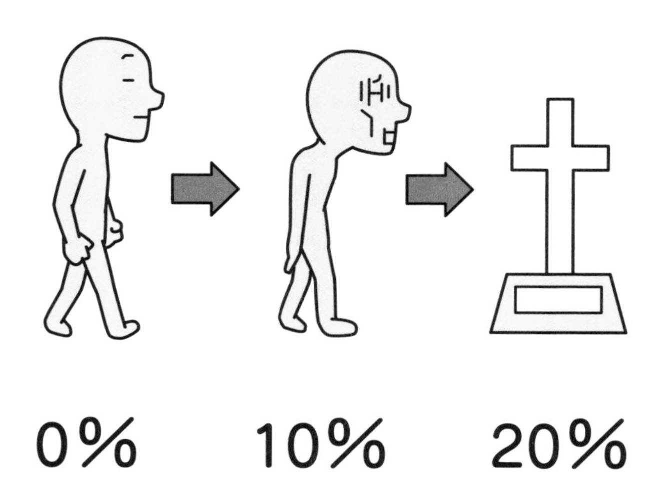

1.2リットル

大人が１日に排出するオシッコの量。

膀胱の容量は、個人差がありますが、平均500ml程度。１日の排尿の回数は７回くらい。８回を超えると頻尿、1、２回しか行かなくなると稀尿の可能性があります。

480,000リットル

小学校などにある25mのプールに入れる水の量。

（縦25m、横16m、深さ1.2mの場合）。

東京など都市部の水道料金で計算すると、プール１杯分の水の値段は30万円ほど。プールの栓を閉め忘れ、水が出しっぱなしになったために、学校が500万円もの水道料金を負担することになったり、閉め忘れた学校関係者がその費用の一部を損害賠償として請求されたというニュースもあります。

90.7%

水洗トイレの普及率（水洗化率）の全国平均。

水洗化率が最も高いのは、戦後の米軍駐留などによってアメリカの影響を強く受けた沖縄県です。沖縄県は洋式トイレの保有率も93.9%で全国トップです。

2.3リットル

人が１日に排出する水分の量。

水分は主に尿として排出されますが、ほかには、便、汗、呼吸などからも出ていきます。
この分を補給する必要があるため、料理からとる分（１日の摂取量の20〜30%）とは別に、２リットル程度の水や飲み物を飲むことが大事です。

最大82cm

21世紀中に海面が上昇するといわれている高さ。

1901年からの約100年では海面が19cm上昇しました。海面上昇の原因は地球温暖化による海水の熱膨張や大陸氷床の融解など。82cmの上昇はインパクトがありますが、それでもまだ保守的とみる専門家も多くいます。日本の場合、100cmの海面上昇によって砂浜の9割以上が消失。東京都東部の区や大阪府の海沿いの市街がほぼ水没します。

95.9％

生のレタスに含まれる水分の割合。

レタスだけが水分が多いわけではなく、もやし、きゅうり、白菜、チンゲンサイなども95％が水分です。みずみずしさというと果物を思い浮かべる人も多いのですが、水分が多いすだちやゆずなどは92％ほどで、前述した野菜のほうが水分を多く含んでいます。

186リットル

日本人一人が１日に使う水の量。

内訳は、風呂が最も多く40％。以下、トイレ21％、炊事18％、洗濯15％、洗顔などその他で６％。

「TOTO」HPより

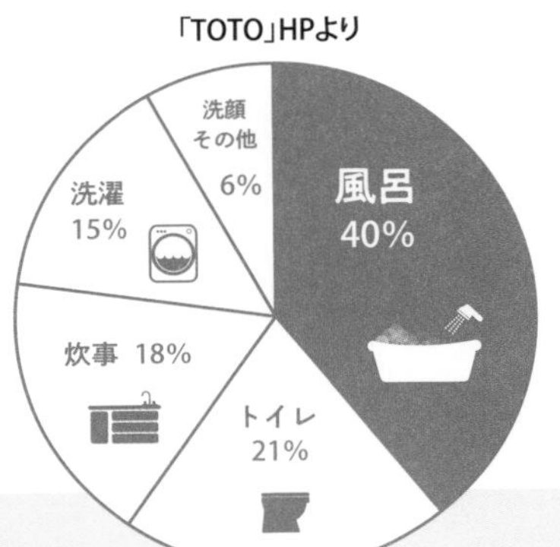

出典：東京都水道局
「平成27年度一般家庭水使用目的別実態調査」

360,000人

不衛生な水が原因の下痢で毎年死亡する子どもの数。

水道が整備されていない地域や紛争が起きている地域などでは、不衛生な水を飲まなければならず、そのせいでコレラ、赤痢、A型肝炎、腸チフスといったさまざまな感染症にかかる人がたくさんいます。安全に管理された水を使用できない人は世界70億人のうち21億人。そのうち、8億人は飲み水が入手できず、3億人が往復30分超の時間をかけて水を汲み、1.5億人は川や湖などから汲んだ未処理の水を飲んでいます。

0.01％以下

手を石鹸で洗い、15秒流水ですすいだときに残るウイルスの割合。

手洗い前の状態を100％とすると、15秒の流水の手洗いで99％は落とすことができ、残留ウイルスは１％に減少。石鹸で揉み洗いしてから15秒流水ですすぐと0.01％以下となり、この作業を２度繰り返すと0.0001％（100万個のウイルスが１個になる）まで減ります。

30%

死海の塩分濃度。

海水の塩分濃度が3%ほどですので、死海のしょっぱさはその10倍ということになります。塩分濃度が高く、ほとんど生物が生息していない（できない）ため、死海（Dead Sea）と名づけられました。

20

水が付く市区町村郡の数。

出水市、垂水市、水戸市、水俣市、土佐清水市、射水市、垂水区、清水区、和水町、水巻町、清水町（静岡県、北海道）、湧水町、穴水町、小清水町、宝達志水町、水上村、上水内郡、下水内郡、出水郡。

88度

富士山頂で水が沸騰する温度。

水は100度で沸騰しますが、これには「気圧が１気圧だったとき」という条件が付きます。１気圧は1013.25hPaで、重さにすると、１㎡に１kgの重さがかかっている状態。地上の気圧はほぼ１気圧ですので、地上にある水は100度で水蒸気になります。
気圧は標高が高くなるほど下がるため、沸点も下がります。つまり、どんなに火にかけても100度まで上がらないということです。また、台風が接近して低気圧になっているときも気圧が下がっていますので沸点は下がります。

12リットル

蛇口を90度ひねったときに出る１分間の水の量。

一般的な蛇口（口径13mm、水圧0.1MPa）の場合、全開にすると21リットルの水が出るというデータもあります。

6.5リットル

シャワーを１分で使う水量。

５分なら32.5リットル、10分で65リットルの水を使う計算。以前は１分あたり10リットルほどでしたが、シャワーヘッドの改良などで節水効果が高くなっています。家庭用の浴槽にためるお湯が200リットルほどですので、お風呂と比べてもシャワーは節水効果が高いといえます。

1887年

日本で初めて水道（近代水道）の仕組みが作られた年。

場所は横浜で、相模川上流から引いた水をろ過、消毒し、水道管を通して市内に届ける仕組みでした。その後、東京をはじめとする都市部で同様の水道が整備され、全都道府県へと広がっていきます。

水道が導入されたことで、川や井戸の水を汲みに行く必要がなくなり、生活用の水が安定的に入手できるようになりました。また、衛生的な水が飲めるようになったことで、コレラなどの流行を防ぐための対策にもなったのです。

35,474本

河川法で定められた日本の河川の数。

一級河川が１万4066本、二級河川が7081本、準用河川が１万4327本。川の長さのトップ３と距離は、信濃川（367km）、利根川（322km）、石狩川（268km）。日本一短い川は全長13.5mのぶつぶつ川。

pH9～10

アルカリイオン水のpH。

アルカリイオン水のアルカリは、小学校の理科で習うアルカリ性、中性、酸性のアルカリのこと。pH７が中性で、７より低い数値が酸性、高い数値がアルカリ性です。
健康な人の体はpH7.4前後の弱アルカリ性に保たれます。しかし、肉、魚、卵など酸性の食品をとったり、ストレスがかかった状態が続くと、体が酸性になり、免疫力が低下するといわれます。それを防ぐために、ほぼ中性の水道水よりもpHが高いアルカリイオン水を飲もう、と注目されることになったのです。

200m

海洋深層水が採取できる水深。

200mより深い場所で採取した海水が海洋深層水です。海洋深層水は、太陽の光が届かずミネラルを消費するプランクトンがあまり活動しない深さにあるため、ミネラルを豊富に含む水として農業用水、海産物の養殖、飲料水などに用いられています。

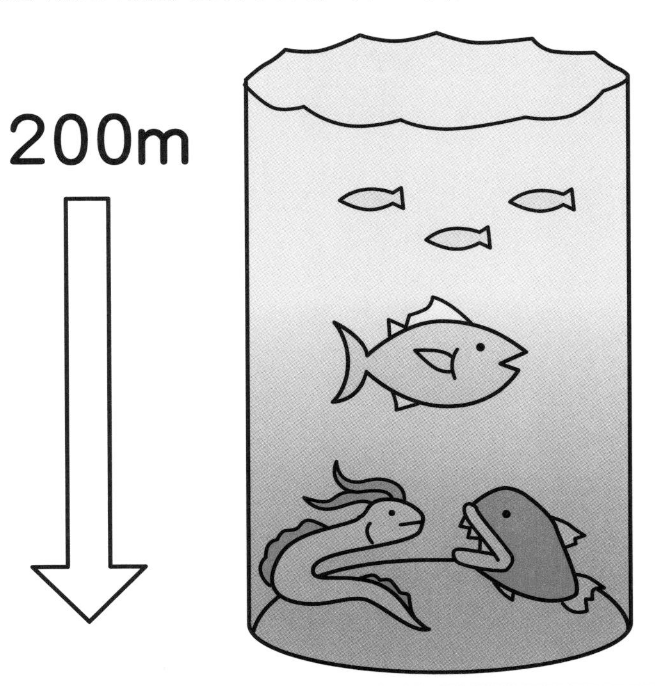

52画

雨冠の漢字のなかで最も画数が多い靐の字の画数。

雷を4つ合わせた漢字で、読み方はホウ、ビョウ。雷鳴という意味。さんずいの漢字では25画の灣と灢が最も画数が多く、灣はワン、灢はドウ、ノウと読みます。

52画	靐	ホウ、ビョウ
25画	灣	ワン
25画	灢	ドウ、ノウ

Part 3

みずのまち

Parallel WATER World

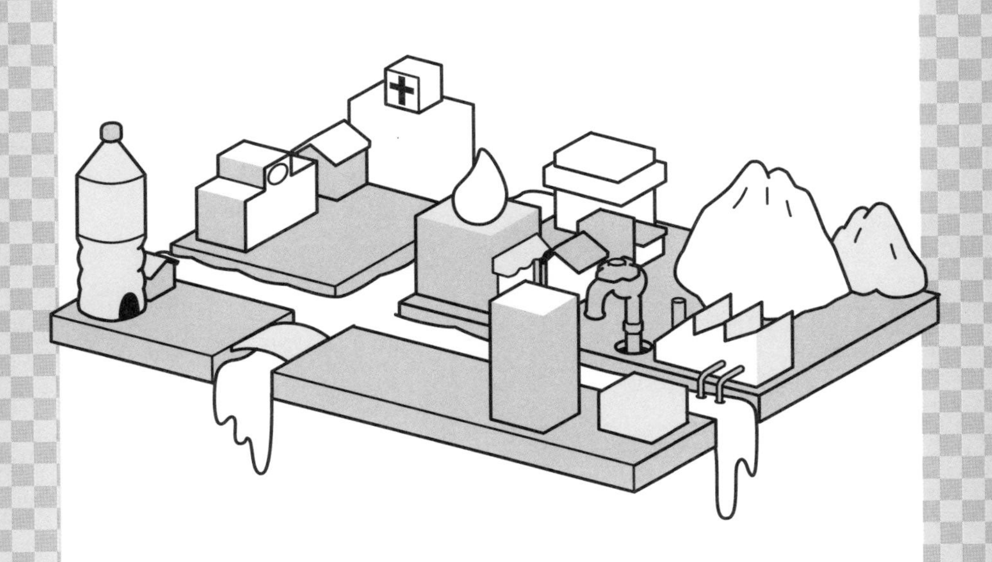

ここは水の世界。
水が重用され、あらゆるものの代わりを果たすパラレルワールドです。
みずのまちではどんな人が、どんなふうにくらしているのでしょうか。
不思議な世界をのぞいてみましょう。

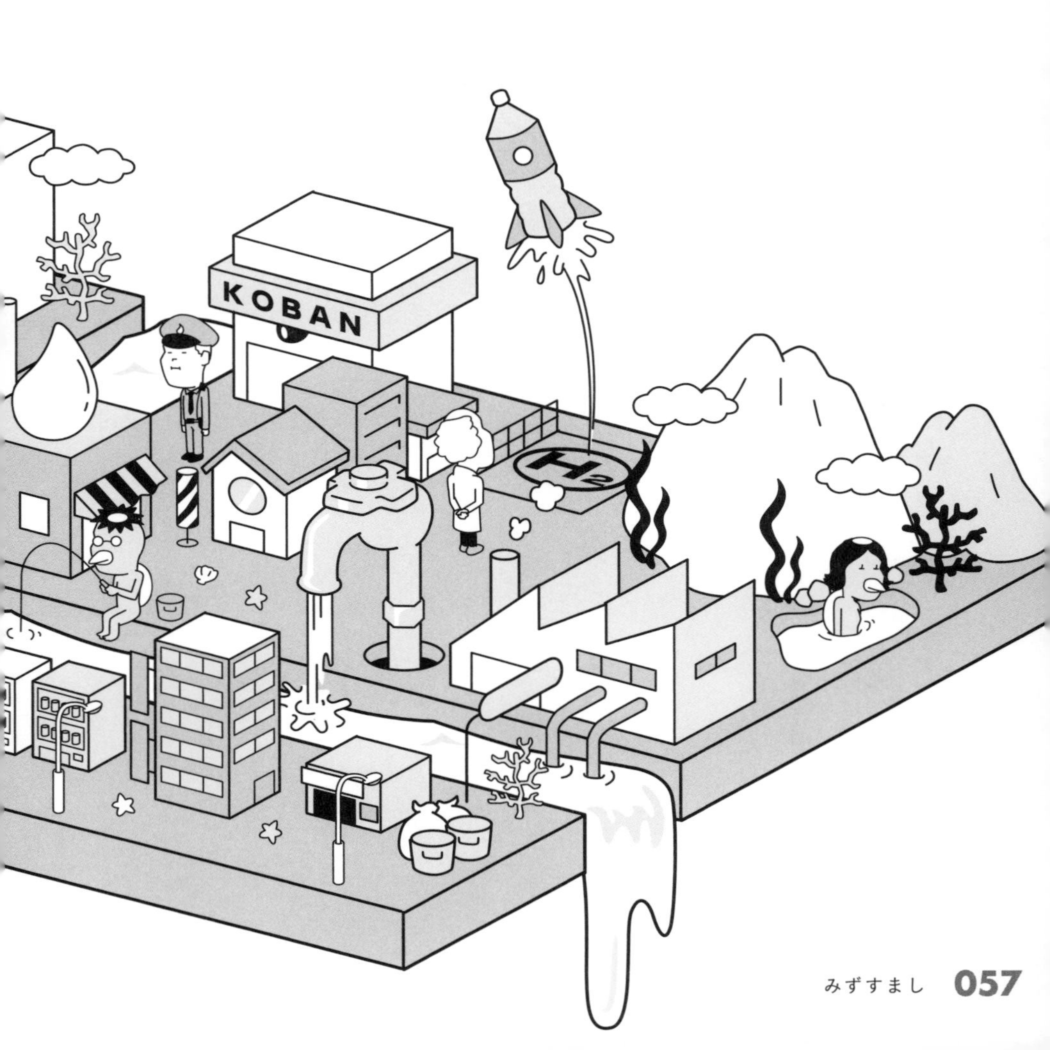
KOBAN
H2

職業編

ほかの日本のまちと同様に、
みずのまちの人たちも汗水流して働いています。
どんな仕事が人気なのでしょうか。

警察官

腰には常に水鉄砲！

水のまちでも警察官は正義のヒーロー！　防犯パトロール、犯罪捜査、道案内まで幅広く活躍しています。

殺傷能力が低い水鉄砲を携行。銃に使うための水も持ち歩くため体力が大事。

暴動発生時には放水車が出動することも。大量の水を吹きかけて鎮圧。「まずは頭を冷やしましょう！」

パトロール中などには子どもたちと水鉄砲で遊んであげるお茶目な一面も。

消防士　天敵の「火」を消すまちのヒーロー

最新設備を搭載した消防車に飛び乗り、身をていして火事の最前線に向かう消防士たち。
その人気ぶりにはアイドルもユーチューバーもかないません。

消防士専用のウォーターガンを使用。日本の消防士のものより威力が数倍強い。

消火のための放水だけでなく、ウォーターカッターを使って建物や車に閉じ込められた人を救出することも。

火災のほか、水難事故や山での遭難事故などでも活躍。
海、川、雨などに関する水の知識も求められます。

医師（外科医）

ブラック・ジャックは水の魔術師

体と病気を理解する豊富な知識、患者と向き合う誠実な心、そして「水メス」を使いこなす抜群の器用さで患者さんたちを救っています。

ウォータージェットメスは水圧を調整することによって微妙な強弱を実現できるメス。神経や血管などを傷つけることなく患部組織を切ることができます。

日々、大量の水を使うため、病院には公害防止管理者、水道技術管理者、下水道管理者など水関連の資格を持つ専門家が多く勤めています。

感染症予防のため手術には超純水を使用。

美容師

水もしたたる、いい男・いい女に仕上げます

美容師はみずのまちトップクラスのシャレオツな職業。流行に敏感な若者が集う水道橋やお茶の水には、カリスマと呼ばれる美容師が店を構えています。

美容師たちはそれぞれのウォーターガンを持って仕事をします。一直線に切るストレートタイプとすき刈りができる分散放出タイプでリクエストどおりにカット。

ウォーターガンはわずか0.8mmの銃口から水道の蛇口の2000倍もの勢いがある水を放出。カット前のシャワーは不要です。

カット中は足元が水浸しになるため美容師は長靴が基本。

製造業

みずのまちの基盤 ものづくりを支える

車や家電などの輸出で稼ぐみずのまち。製造現場の工場では噴水ショーさながらの絶景を繰り広げながら、次々と製品を作り出しています。

ベルトコンベア上を流れていく製品に向けて的確に水を噴射するマザーマシン（工作機械）群。マシンが担う工程は、切る、洗う、削る、穴を開ける、など。火を使わないため工場の火災リスクも軽減。
使用済みの水は工場内で浄化し、再利用しています。とってもエコです。

マシンの精度は非常に高く、ナノメートル単位の加工が可能（ナノメートルは10億分の1メートル）。みずのまちの産業を支える高精度な製品を次々と作り出しています。

マシンの作業中は水しぶきが反射して虹が見えることもあります。優雅に規則的に動くマシンの姿は工場萌え女子に人気です。

工事現場　男子に人気の高給アルバイト

みずのまちは常に水路を拡張中。工事現場は時給が高く筋肉もつく一石二鳥のアルバイトです。

作業者が水ドリルでコンクリートを掘っていきます。騒音が出ず、砂埃も立たないスグレモノ。

水しぶきが舞い上がるため、真夏の暑い日でも快適に作業ができます。その代わり冬は水が凍り、足元が滑るため作業できません。

火が使えないガス管の切断も水なら問題なし。
作業終了後は現場をきれいに水洗い。自然乾燥するため撤収も簡単です。

芸術家

作り手と見る人の心が豊かになる

水が豊富なみずのまちでは、幼いころから水を道具にした美術や芸術に親しみます。小学生は水彩画や水墨画、中学生になると水を使った彫刻にも挑戦します。

石、木、ガラス、氷など、材料を問わずあらゆるものを削れるウォーターガンを使用。削りながら削りクズを洗い流すことができます。

ウォーターガンは、水圧を間違えると材料を破壊してしまうことも。慎重さが求められます。

みずのまちでは小学校の美術の授業でみんな葛飾北斎の『富嶽三十六景 神奈川沖浪裏』を描く練習をします。

ホステス

時給が高くて女子力も上がるアルバイトの鉄板

水商売は、その名のとおりみずのまちを代表する仕事。毎夜、夜の蝶とお客さんのクールでアツい恋の駆け引きが行われています。

会話、仕草、気遣いなど、モテる女性になるポイントをしっかり身につけられるのも人気のポイント。
クソ客にイライラしても水に流せる器量が大事。

高級クラブといえば銀座でも北新地でもなく水道橋。お小遣いをためたサラリーマン諸氏が、清水の舞台から飛び降りるつもりでクラブに足を踏み入れます。

お店でお客さんが頼むのはもちろん水。安価なものから１本数万円もする高級な水まで取りそろえ、種類は豊富です。
ただし、クラブのなかには水増し請求でぼったくる店もあるので注意が必要。

社会編

みずのまちでは水が重要な動力となって
インフラを動かしています。
まちのなかの様子を見てみましょう。

輸送船

運河を使った交通網でのんびり移動

運河は物流や交通のために人工的に作った川のこと。みずのまちでは運河が重要な交通網として人とものの移動を支えています。
運河を通る船のスピードは、時速８ノット（約15km）。スピード感はありませんが、焦らず、のんびりがみずのまち流。

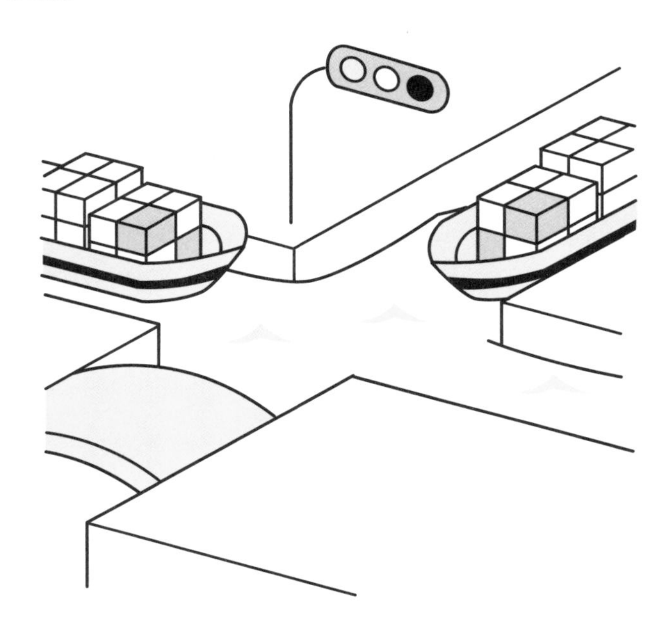

大小さまざまな船で日々移動。行き交う光景のすばらしさは観光客にも大人気。

運河は車とは反対の右側通行が基本。対面から船が来たときも右側に避けます。

台風や大雨で増水した場合は運河の水が溢れる可能性があるため航行禁止になります。

貨物船

エコな物流を実現する海運

陸・海・空の３通りある物流のなかで、みずのまちではもちろん海が主な輸送経路。海運はCO_2や大気汚染物質の排出量が少ない輸送方法です。日々、何艘もの船が港を出入りしています。一方でみずのまちでは多くの海賊が日々輸送される荷物を狙っているので要注意です。

運搬する荷物のグラムあたりのCO_2排出量を比べると、トラックが 80、飛行機が 435 であるのに対して、船は 10 未満。

船の距離やスピードは特殊。距離は海里、速度はノットを使います。1 海里は 1852m、船が 1 時間に 1 海里（＝1852m）進む速度を 1 ノットといいます。

船の運航速度（時速）は、コンテナ船が 24 ノット（約 44km）、船体が大きいタンカーが 15 ノット（約 28km）。コンテナ船は一般道を走る車と同じくらいの速度で進んでいます。

水素自動車

お金持ちしか乗れない!?

みずのまちでは海や川の移動が主流です。一部自動車も走っていますが、ガソリン車は不可。環境への負荷軽減を重要視しているため、水素自動車以外、道を走行することはできません。さらに、残念なことに水素自動車は超高額。お金持ちにだけ許された乗り物ともいえます。

水素自動車は、搭載している燃料電池で水素と酸素を反応させ、発生した電気でモーターを回す仕組み。ガソリン車が排ガスを排出するのに対し、水素自動車は水素と酸素の化合物である水を排出します。

水素は水素ステーションで補給します。水素の価格は1kgあたり1万円前後。
水素鉄道なども走っていますが、水素が高額のため、1日1本しか走りません。

宇宙開発

水の力で未知の世界を開拓

昨今、みずのまちで注目されている宇宙旅行。水の力で宇宙を目指す水ロケットの研究が進んでいます。

謎が多い宇宙。宇宙は、だいたい高度100kmより上のことを指します。通常のロケットの場合、約10分で宇宙空間に到達します。

みずのまちでは「水」をいかに活用したかによって研究者たちの評価が決まります。どんなに難しくとも「水」で成し遂げることに意味があるのです。

みずのまちの研究者たちが目指すのはもちろん水星。
水星との距離は1億5000万kmで、軌道の関係で最も近づいたときでも9300万kmです。地球から最も近い月は、38万km。一方、水ロケットの飛距離は今のところ数十mが限界。研究の道のりは長そうです。

生

みずのまちのくらしにも水が密着しています。
普段の生活をのぞいてみましょう。

食卓の様子

老若男女がよだれを垂らす町民グルメは？

みずのまちには、夕飯の定番のメニューやおめでたい日に食べるご馳走があります。子どもも大人も大好きな人気メニューを紹介します。

お正月、クリスマス、誕生日など、家族が集まったときは水炊きでワイワイ。鍋の具材は水菜が一番人気です。
食後のデザートはもちろん水羊羹。

毎日の食卓で人気な食材は水茄子。浅漬け、炒め物、サラダ、ステーキなど、さまざまな食べ方ができるため毎日水茄子でも問題なし。

晩酌のつまみなら水だこの刺身。ヌメヌメした皮をきれいに剥けるようになったら一人前。

1日のスケジュール

みずのまちの人は毎日なにをしている？

みずのまちのくらしは水に始まり、水と親しみ、水で終わります。普段のくらしぶりをのぞいてみます。

①
起床とともにコップ1杯の水を飲みます。睡眠中に失われた水分を補給するだけでなく、水が胃腸に届くことで大腸が刺激されるため（胃結腸反射といいます）、便秘予防の効果もあるといわれています。

②
休日は水曜日。水曜日は水の日で、学校や幼稚園はお休み。サービス業を除く多くの会社も水曜定休日が基本です。
晴耕雨読。雨や雪の日は自由登校、自由出勤です。滑ってケガをしたり、視界が悪いせいで交通事故が起きたりするのを防ぐ目的があり、家ではそれぞれ勉強や仕事をします。

③
水泳は有酸素運動と筋力アップを兼ね備えた理想的な運動。陸上競技（ランニングなど）と比べてカロリーの消費効率も良く、ダイエット効果もあります。健康維持のための運動として、みずのまちの人たちはスポーツジムや地域のプールで泳いでいます。

④
お風呂に浸かってリラックスするだけでなく、水風呂も人気。免疫力アップや自律神経、ホルモンバランスの調整に良いといわれ、女性はダイエット効果や美脚効果を求めて水風呂に入っています。

⑤
就寝前もコップ1杯の水を飲みます。就寝前の水は「宝水」や「命水」といわれ、新陳代謝を良くするほか、脳梗塞など血管の病気を予防する効果も期待されています。

⑥
頭寒足熱。水分補給と同じくらい睡眠をとることが大事。夏は水枕で頭を冷やし、冬は湯たんぽで足を温めるのがみずのまちの健康法です。

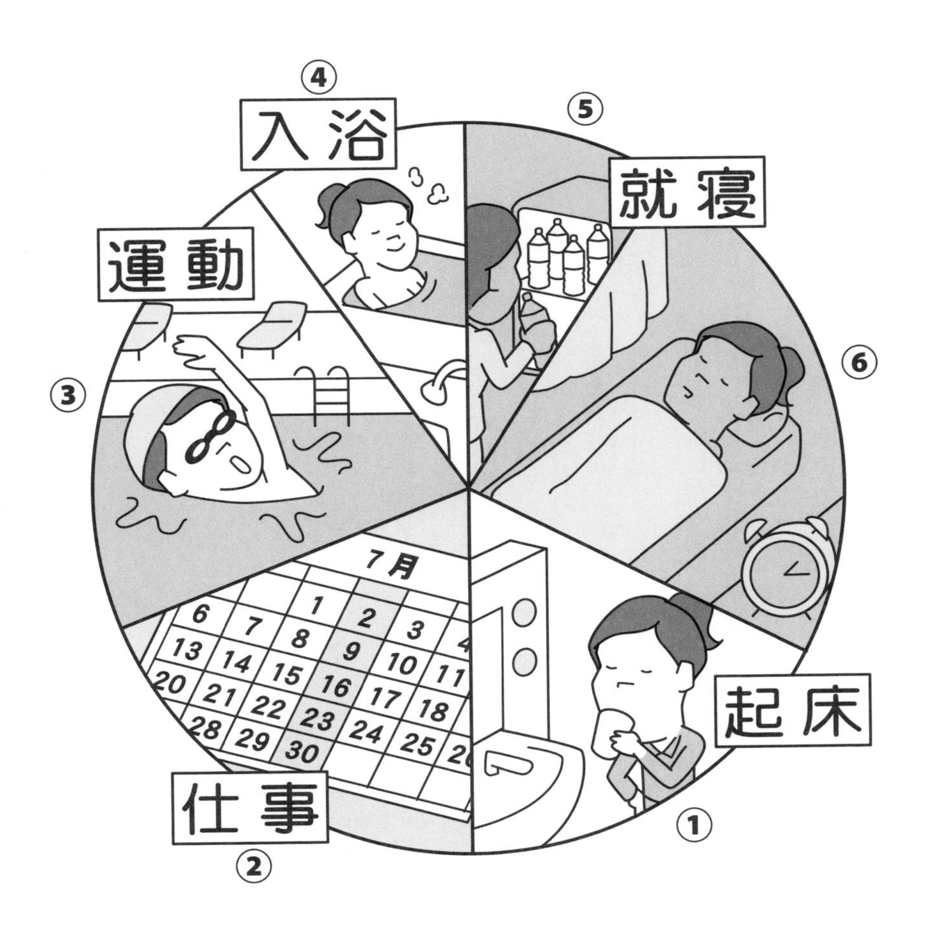
④
入浴
⑤
就寝
運動
⑥
③
7月
起床
仕事
①
②

結婚式　水の神様に永遠の愛を誓います

みずのまちで育った男女が、水の祝福を受けながら一緒になります。結婚式でも水は大活躍。どんな式次第なのでしょうか。

式の最後はライスシャワーではなくウォーターシャワーで新郎新婦を送り出します。ウォーターシャワーは、つまり普通のシャワーです。

結婚式で重要視されるのは「水合わせの儀」。新郎と新婦がそれぞれの実家で汲んだ水を一つの盃の上で合わせ、新しい家族の誕生を祝う儀式です。

新郎新婦のキャンドルサービスは、ゲストのテーブルのろうそくに火を付けるのが一般的ですが、みずのまちで火は災いの象徴。二人が火消しの棒を持ってテーブルを回り、点火しているろうそくを消して回ります。

葬式

大事な人を失った悲しみを水で癒します

人生で最も悲しいイベントの一つが葬式です。みずのまちでは水葬によって故人をあの世へと送り出します。

インドでは、聖なる川であるガンジス川の水を産湯に使い、亡くなった人も川に流します。みずのまちも同様、水が命の源泉であるという考えに立ち、葬儀は水葬で行い、命を水に返します。

亡くなった人は舟に乗せて流します。この習慣はかつての日本にもあり、その名残もあって、今も皇族の納棺儀式を「お舟入り」と呼びます。

みずのまちでは火を用いた火葬を行うことは決してありません。

ウォーター
スポーツ

子どものころから水に親しんでいます

サッカーは静岡県が有名、プロ野球選手は大阪出身が多数。みずのまちは、当然ながらウォータースポーツが盛んです。

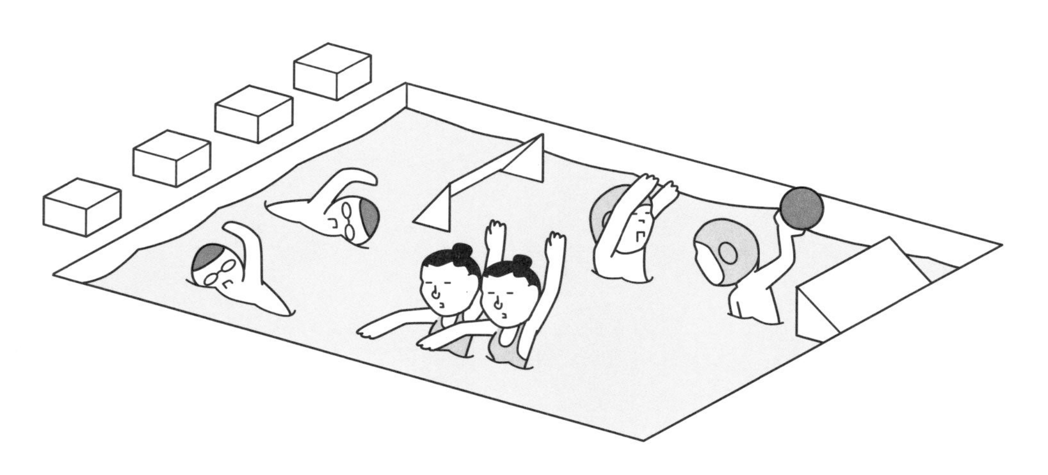

インドア・水泳　水球　アーティスティックスイミング

子どもたちの習いごとナンバーワンは水泳。小学校では低学年で全員が泳ぎをマスターし、高学年から水球、飛び込み、アーティスティックスイミングなど専門コースを選びます。

アウトドア・サーフィン　ボート　カヌー

みずのまちはアウトドアでもウォータースポーツに親しめるのが特徴。東京五輪から五輪の正式種目となったサーフィンを始める人も増えています。

みずのまちの人気芸能人ランキング
【男性芸能人編】

1位　温水洋一

2位　速水もこみち

3位　井上陽水

みずのまちの人気芸能人ランキング【女性芸能人編】

1位　清水ミチコ

2位　水卜麻美（アナ）

3位　水原希子

Part 4

みずのことわざ

Kotowaza about WATER

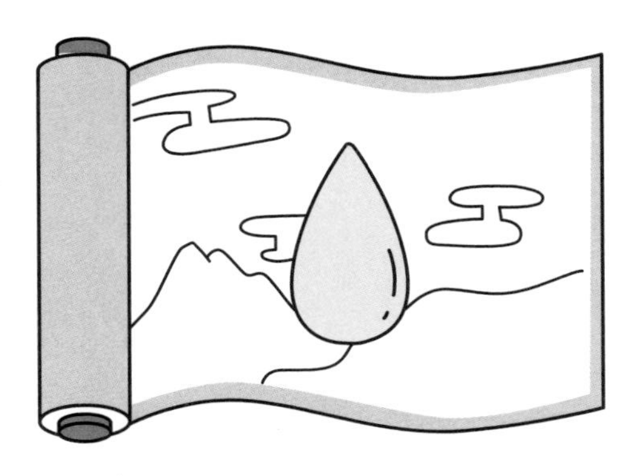

お世話になったあの人に

恩を水で返す

恩返しをするのに、コップ１杯の水を出して済まそうなんて都合が良過ぎる。
せこい人は嫌われる。

（恩を仇で返す）恩人に恩返しせずに害を与えること。

みんなを集める不思議な力がある！

水は友を呼ぶ

動物は水場に自然と集まる。樹木も水のあるところに密生する。人も井戸のように水があるところに集まって井戸端会議をする。

（類は友を呼ぶ）似ている人や気が合う人が自然と集まって仲間をつくること。

の、喉が渇いた。そんなときは。

水は本能寺にあり

水不足でスーパーに水が売っていないときは、お寺に行ってみる。当然、売っていない。人と違う発想をすることは有効だが、常識の範囲内で考えよう。

（敵は本能寺にあり）本当の目的は別のところにあるということ。

おーい、水！

水は寝て待て

病気のときは無理せずに誰かが水を持ってきてくれるのを待とう。無理しない。

（果報は寝て待て）やれることをやったら、あとは良い知らせが届くまで気長に待つということ。

誰が食べる？

水茄子は嫁に食わすな

アクが少なく皮が薄い水茄子は、栄養価も普通の茄子より高い。できれば育ち盛り（で野菜を食いたがらない子ども）に食わせよう。

（秋茄子は嫁に食わすな）おいしい秋茄子を嫁に食わせるな、という嫁いびりの意味と、秋茄子は体を冷やすから嫁に食わせるな、という嫁を大切にする意味がある。

火を使うときは水を準備

火に水を注ぐ

火に水をかけると消える。当たり前、ということ。

（火に油を注ぐ）勢いのあるものにさらに勢いをつけること。多くの場合、不本意なことに用いる。

まずい、隠れろ！

頭隠して水隠さず

うまく隠れたつもりでもさっきまで飲んでいた水がテーブルの上に置きっぱなし。些細なことでバレるということ。

（頭隠して尻隠さず）悪事を隠したつもりが、一部だけしか隠せず、バレてしまうこと。

ヒャ、冷たい

水に触れる

噴水、川、水槽など、水があるとつい触ってみたくなる。それくらい水は魅力的。でも、濡れる。濡れる覚悟がある人だけ触ろう。

(逆鱗に触れる) 目上の人を怒らせること。

いい水は才能を生み出す

名馬に水あり

才能がある人は日々の水にも拘っている。生活習慣が大事。

（名馬に癖あり）優れた才能を持っている人ほど癖があるということ。

いつかご馳走が食べられる日がくる、はず

不幸中の水

どんなに不幸なことが重なっても、とりあえず水さえあれば生きられる。生きていればどうにかなる。命大事に。

(不幸中の幸い) 不幸なときでもなんらかの救いはあるということ。

「ああ疲れた」そんなときこそ

水は身を助ける

水が力を生む。冷静さを取り戻す。水は大事。ピンチを救ってくれるのはいつも水。困ったときは水を一杯飲もう。

（芸は身を助ける）芸や技術を身につければ生活に困ったときに助けになるということ。

足元をよく見ましょう

一寸先は水

ボーッと歩いていると水たまりに入ってしまう。歩いているときでも気を抜いてはいけない。

(一寸先は闇) 少し先のことでさえなにが起きるかは分からない。

誰かがきっと助けてくれる

藪から水

山道を歩き、喉が渇いたと思っていると、誰かが水をくれる。人生にはそんな優しい驚きもある。世の中捨てたもんじゃない。

（藪から棒）突然なさま。

まずは落ち着け！

急がば水

急いでいるときほど水を飲んで落ち着け、ということ。慌てるな。

（急がば回れ）急いでいるときほど近道するより確実な道を選んだほうが良い。

どこかに弱点があるはず

鬼の目にも水

いくら強い鬼だって目に水が入ると怯む。前が見えなくなると困る。どこかに弱点はあるということ。

(鬼の目にも涙) 冷酷な鬼でも悲しみや憐れみによって涙を流すこともある。

うまい話には裏があるもの

甘い水を吸う

カブトムシは甘い水が好き。好物があれば自然と寄ってきて捕まる。甘い話に注意。

（甘い汁を吸う）苦労をせずに他人を利用して利益を得ること。

ああ、カサカサ肌を通り越して

死人に水なし

水分がなくなり、干からびたミイラを見ることにより、人が水でできていることを知る。当たり前にあるものにもっと感謝しよう。

（死人に口なし）死んでしまった人には弁明できないということ。

きれいな水を飲もう！

犬も歩けば水にあたる

喉が渇いた野良犬が雨水を飲み、お腹を壊すさま。拾い食いはダメ。得体の知れないものは食っちゃダメ。

（犬も歩けば棒に当たる）犬がふらふら歩くと棒で殴られるため、でしゃばってはダメという意味と、ふらふらと行動すると良いこと、悪いことを経験するという意味がある。

CAFE

マジメにふざけました！

皆さんはじめまして。日進機工株式会社の社長、林 伸一です。

水をテーマに繰り広げてきた不思議な世界、楽しんでいただけたでしょうか。

「水のすごさを伝えたい」

「水についてもっと知ってほしい」

そんな思いで本を作った結果、学び半分、おふざけ半分の本書ができ上がりました。

学び半分の部分はPart1とPart2です。

水は最も身近な資源であり、自分の体の2/3くらいも水でできています。

しかし、水の起源や水が飲める国の数など、意外と知らなかったことや身近過ぎて気にしていなかったこともあったのではないかと思います。

Part3の「みずのまち」とPart4の「みずのことわざ」はおふざけの部分です。

水の用途というと、飲む、火を消す、浸かるといったことが思い浮かぶと思います。

しかし、アイデア次第で実にさまざまな使い方ができます。

氷や水蒸気にしたり、圧力を加えてウォータージェットにするといった工夫により、さらに用途は広がります。

日々、水を使う仕事をしていると「こんなことに使えるのではないか」「こんなことに代用できるのではないか」といったアイデアが溢れてくるものです。

そんな空想の世界をぜひ共有してほしいと思い、マジメにふざけました。

「みずのまち」は完全なフィクションではない

さて、日進機工という会社はウォータージェット工法の会社です。

ウォータージェット工法は、水を圧縮してジェット噴射し、その力を利用する工法のことです。

1965年に創業した当社は、ウォータージェット工法のパイオニアとして、あらゆるものを洗い、剝がし、砕き、切ってきました。

ウォータージェットは、火を使わずに製品を加工することができます。

工事の際に使っている石油やガソリンなどの使用量も大幅に抑えることができます。

一言でまとめると、安全性が高く、クリーンな工法ということです。

そのことを知ってほしいと思ったのも本書を作ろうと思ったきっかけの一つです。

Part3「みずのまち」は私の空想の世界ですが、少し歴史を振り返ると、飛行機などがない時代の物流は船と運河でした。

将来についても、ウォータージェット工法の技術革新によって、従来、水ではできなかったことが次々と水で行えるようになるでしょう。

そう考えると、みずのまちはまったくのパラレルワールドではありません。

水と共生してきた先人たちの知恵であり、少し先の未来にあるエコでサスティナブルなリアルワールドでもあるのです。

では、ウォータージェットについてもう少し詳しく見てみましょう。

火が使えない場所でも安全に洗える

ウォータージェットは、その名のとおりウォーター（水）をジェット噴射させることです。

私の会社はその水勢を道路工事などに使っています。他業界では、例えば、海の水を噴出させてボートの推進力にするウォータージェット推進などもウォータージェットの活用例です。

ウォータージェットの利用は19世紀後半のイギリスで砂利を掘るために使われたのがはじまりだといわれています。

その後、下水管の掃除や蒸気機関車のチューブの掃除に使われるようになり、米国でもウォータージェット工法が改良され、普及するようになり、1960年代に日本に輸入されることになりました。

日本でウォータージェットが注目されるようになった理由は「安全に洗える」という点でした。

自動車工場や製鉄所では設備を洗うという需要があります。石油コンビナートやプラントも同様に、定期的にパイプなどを洗浄する必要があります。

問題は、火気です。

パイプ洗浄の方法としては、例えば、シャフトの先端に取り付けたカッターを回転させて、パイプの内側に付いた汚れを削り落とすことができます。実際、この洗浄方法はウォータージェットが普及するまでは広く使われていました。

しかし、洗浄中に火花が出ることがあります。

この課題を解決できる画期的な手段として、ウォータージェットが注目されるようになったのです。

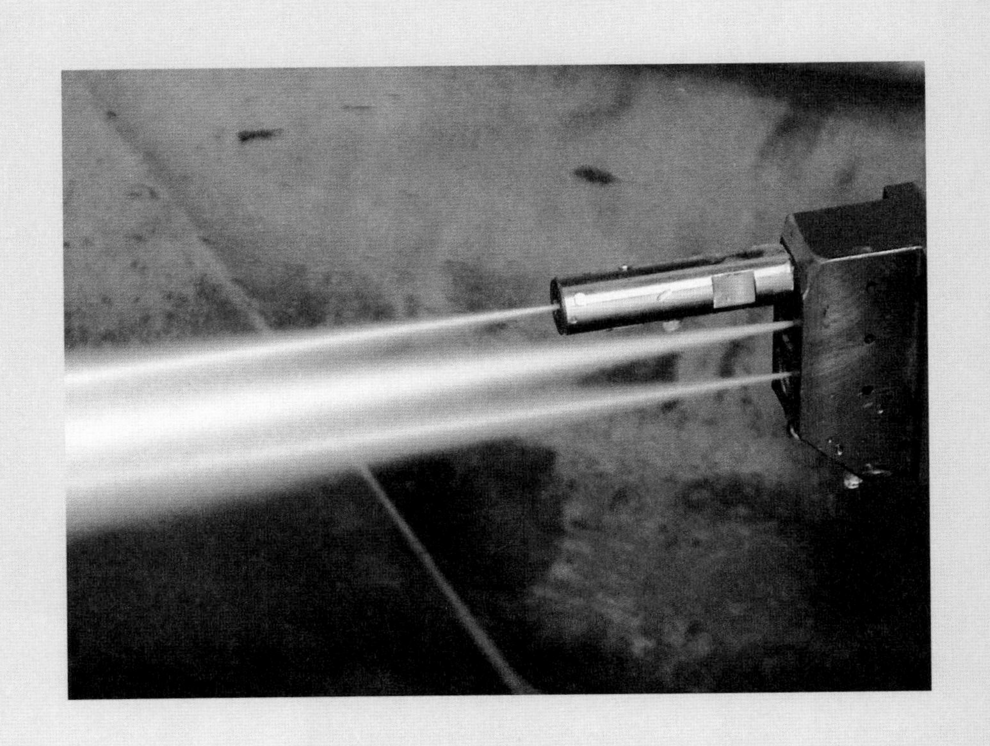

威力を高めて「削る」「切る」を実現

「洗う」という機能で普及していったウォータージェットは、その後、剥がす、削る、切るといった進化を遂げていきます。

その進化の背景にあるのが、圧力です。圧力はウォータージェットの威力といってもよいでしょう。

私の会社を例にすると、洗浄用として使っていたウォータージェット１号機（1970年に導入）の威力は最高300kgf/㎠ほど。水の吐出量は毎分60リットルでした。

これでも威力はかなり強く、洗浄中の作業員が誤って水を足に当ててしまい、ゴム長靴に穴が開いたというエピソードがあります。

ただ、コンクリートなどを削る力はありません。

洗うより削る、削るより切るほうが、より大きな力が必要になります。

そこで、70年前後から噴出口であるノズルの先端の改良が始まります。より高圧化できるポンプ・エンジンとの組み合わせにも取り組みました。

結果、300kgf/㎠からスタートした水圧は、80年代後半には1000kgf/㎠、90年代には2000kgf/㎠へと高圧化していきます。

この威力を使って、硬いものを、削る、砕く、切るといった使い方ができるようになったのです。

水圧を変えてあらゆる工程に対応

ウォータージェット工法は、主に洗う、剥がす、はつる、切るための手段として用いられています。

通常、洗うためにはブラシ、剥がすためにはやすりを使うなど、目的によって道具を変えます。

しかし、ウォータージェット工法で使うのは水とポンプのみ。

ノズルから噴出する水の圧力を弱めたり強くしたりすることで、洗う、剥がす、はつる、切るという４つの用途に展開できるのがすばらしい点です。

コンクリートを例にすると、圧力を抑えて水を当てることで、コンクリートそのものは傷つけることなく、表面に付着した汚れなどを落とすことができます。

これが「洗う」です。汚れの質や量などにもよりますが、水圧の目安は300kgf/㎠ほどです。

水圧を1000kgf/㎠くらいまで上げると、コンクリート上の塗装を剥がすことができます。塗装は、剥がれないように塗りますので、自然と付着する汚れよりも吸着力が強くなります。それを剥がすためには、削り落としたり薬品で溶かす必要があります。しかし、ウォータージェットを使えばそのような手間をかけることなく塗装部分だけを剥離することができるのです。

さらに水圧を上げて2000kgf/㎠で噴射すると、コンクリートをはつることができます。はつるという言葉は耳慣れないかもしれませんが、耳慣れた言葉でいうと削るや砕くと似ています。コンクリートの表面を削ったり、部分的に砕くことができ、鉄筋コンクリートの補強工事などになくてはならない工程です。

水圧が2000kgf/㎠以上の状態で、ノズルから出る水流を細くすると、コンクリートを切ることができます。コンクリートを切るときの水圧は2450kgf/㎠くらいが目安で、現場での作業はこれくらいの水圧までが限界です。

切るというと刃物で切ったり炎で焼き切ったりするイメージを持つかもしれませんが、ウォータージェットのコンクリート切断ははつりの延長です。つまり、水を当てることによってコンクリートを削り、その結果として切断するということです。

この４つの関係性からも分かるとおり、どのような効果が得られるかは、どれくらいの圧力で水を噴出するかによって変わります。

水圧が弱過ぎるとはつったり切ったりすることはできません。

水圧が強過ぎると塗装が剝げたり、コンクリートに傷がついてしまいます。

言い方を変えると、このような繊細な調整さえできれば、ブラシ、やすり、ハンマー、カッターなどを使わなくても、あらゆる工程を水だけでカバーし、完結できるということです。

頑固な汚れも水だけで落とせる

ウォータージェットの４つの用途（洗う、剥がす、はつる、切る）について、もう少し詳しく見てみましょう。

まず「洗う」は、手洗いや皿洗いでなじみがあり、水の代表的な用途の一つです。

ただ、ウォータージェットは蛇口から出る水道水よりも威力が強いため、ウォータージェットで手を洗うと大ケガをします。お皿も簡単に割れてしまいます。

水勢の強さは、コイン洗車場のマシンをイメージしてみると分かりやすいと思います。

洗車マシンの水は、車の泥汚れを流し飛ばすくらいの強さがあります。

ウォータージェットの水勢はその４倍ほどの強さです。

この威力があるからこそ、油汚れやこびり付いた汚れを水だけで洗うことができるわけです。

ブラシなどで洗う方法と比べると、ブラシを用意したり、使用済みのブラシを洗う必要がありません。ブラシでこする力もいりません。

また、汚れがパイプの奥などにこびり付いている場合、ブラシが入らないこともあります。そんなときにもウォータージェットが活躍します。

汚れに水が届きさえすれば、水圧で汚れを洗い落とすことができます。

汚れがひどい場合は別ですが、洗剤や薬品などを使わずに洗うことができ、環境負荷も小さく抑えることができるのです。

水勢を強くすることで塗装も剝がせるようになった

「剝がす」は「洗う」と似ています。

効果の面で二つを分けるとすれば、「洗う」は、意図せず付着してしまった汚れなどを落とす作業、「剝がす」は、意図的に付着させた塗装などを落とすという違いで線引きできるだろうと思います。

では、水で剝がすことにはどんなメリットがあるのでしょうか。

塗装などを剝がすためには、やすりをかける、薬品で塗装を溶かす、研掃材と呼ばれる粉状の固い物質を吹き付けて削るといった方法があります。

ただし、やすりをかけたりサンドブラストで剝がすと火花が出る可能性があり、火気厳禁の場では使うことができません。

薬品は火花が出ませんが、最終的に洗い流す必要があり、薬品が混ざった洗浄水で環境を汚してしまう可能性があります。

そのような課題を解決できるのがウォータージェットです。

火花が出ませんのであらゆる場で作業できますし、薬品も不要です。

剝がしながら洗うため、剝がしたあとに洗う手間も省けるのです。

ちなみに、当初は水圧が弱いマシンしかなく、サンドブラストのように水に研掃材を混ぜていました。研掃材を吹き付けることで剝がす力を高めていたわけです。現在は水だけで剝がせるくらいの威力が出せるようになったため、研掃材なしで剝がす作業ができます。

削りたい部分だけ削れる

「はつる」は、なにをはつるかによって水圧を調整し、砕きたい素材や部分だけを砕くことができる工法です。

例えば、コンクリートは削れるが鉄筋は削れない水圧にすれば、鉄筋だけ残してコンクリートを除去することができます。

傷んだコンクリートを塗り替えるために、表面だけ削り取るくらいの強さではつることもできます。

Part3「みずのまち」では、外科医が水で手術する場面を空想しました。

実は水のメス（ウォータージェットメス）はすでに世の中にあり、患者への負担が小さくできる治療法として注目されています。

ウォータージェットメスは、水圧を調整することによって切りたい部分だけ切ることができます。簡単にいえば、切りたくない血管は切らずに、患部だけ取り除くといったことができるということです。これは、はつりができるウォータージェットならではの特徴です。また、レーザーメスや電気メスのように熱を発することもないため、組織の熱損傷も防げます。メスを入れるのが難しい場所に疾患がある場合、重要な血管や神経の近くに疾患がある場合、患部が血管や神経の向こう側にある場合なども、ウォータージェットメスが活躍できるかもしれません。

ウォータージェットの４つの用途のなかでも、「はつる」はウォータージェットならではの特性であり、アイデア次第で幅広い活用が広がっていく用途なのです。

あらゆる場面で活躍する「切る」

「切る」は、料理、工作、製造など、ありとあらゆる場面で行われています。

頻度や需要が多いこともあり、切る道具も、爪切り、ハサミ、カッター、包丁など身近なものから、電動ノコギリやガスバーナーなど、ありとあらゆる道具がそろっています。

切る力という点から見ると、ウォータージェットはこれら切る道具のなかでもトップクラスといえるでしょう。

鉄板が切れます。鉄骨も切れます。岩も切れます。

このレベルで競えるのは電動ノコギリとガスバーナーです。

また、電動ノコギリやガスバーナーと比べると、ウォータージェットは切り口が滑らかという特徴があり、切り口を磨く仕上げの手間がかかりません。

その点から見れば、ウォータージェットは切る道具として最強の手段といってもよいでしょう。

ただし、最強であるがゆえ、人が手に持ち安全に切るといった作業には注意が必要です。

Part3「みずのまち」では、美容院で髪を切る様子を空想しましたが、このような繊細な作業には向きません。

料理の際に肉や魚を切ることもできますが、手が滑れば手が切れてしまうため、日常的に活用するのも現段階では難しいと思います。

作業中のチリやホコリを抑えられる

ウォータージェット工法は、水だけで工事を完結できるという点以外にも他の工法にはないメリットがあります。

まず、汚れを洗ったり塗装を剥がすための薬品などを使いませんので、排水の汚れが少なく収まります。

はつったり切ったりする工事では、ドリルや重機などを使うと振動が生まれ、そのせいで本体に小さなヒビが入ることがあります。

一方、ウォータージェット工法はほとんど振動がないため、本体にダメージを与えることなく工事を進めることができます。

また、はつりや切断時に発生する粉塵が少なく収まる点も重要な特徴です。

ドリルでコンクリートを削ると、当然ながらコンクリートのカスが飛びます。重機を使って壊す場合も同じです。

その点、ウォータージェットは水で削っていきますので、カスが飛びにくくなります。

この特徴は、橋げたの補強工事などで発揮されています。

橋げたの補強をするためには、橋げたを太くするためにコンクリートを付け足します。ただし、ただ上塗りしてもすぐに剥がれてしまうため、表面を削って凹凸を作り、その上に新たなコンクリートを塗り重ねます。

その際、機械で削ると粉塵が出ますが、ウォータージェットは最小限に抑えることができます。

1995年の阪神・淡路大震災後に行われた高速道路の橋げた補強工事でもウォータージェット工法が使われました。

火が使えないところでも作業可能

ウォータージェット工法にはもう一つ重要な特徴があります。

それは水を使う工法であるということ。つまり、火を使わないため、火事や爆発の可能性がある場でも使えるということです。

この特徴が活きたのは、2011年に起きた東日本大震災後の復旧でした。

当社が引き受けた仕事を例にすると、震災起因の火災が発生した千葉県の石油タンクを切断しました。鎮火まで数日かかるほど激しく燃えたタンクです。

同様の事故を再発させないためには火災の詳細を調査する必要があり、そのためには球状のタンクを切断しなければなりません。

通常、このような作業はガスバーナーを使います。電動ノコギリで切ることもあります。

しかし、鎮火しているとはいえ、タンクは石油コンビナートの敷地内にあります。火を使うことができません。ノコギリの摩擦で火花を発生させることもできません。

そこで当社に声がかかります。火を使わずにタンクを切れる唯一の手段として、ウォータージェット工法で切ってほしいと依頼されたのです。

震災は特別なケースですが、火気厳禁の場で削ったり切ったりする作業が求められるケースは多くあります。

例えば、古くなったガスや石油のタンクなどは分解して撤去します。ガスが充満している事故現場で、閉じ込められた人を救出するときも火を使うことができません。一般的な製造現場でも、火を水に代えれば火災事故リスクは小さくなるはずです。

ウォータージェットの弱点

ウォータージェット工法はこの半世紀くらいで急速に普及した新しい技術です。

今後、さらに活用例が増えていく可能性も十分にあります。

ただし、弱点もあります。

まず、そもそも論ですが水がなければ使えません。

また、1分間に何十リットルもの水を使いますので、少量の水では足りず、大きな水タンクを用意するか、十分な水が確保できる水道、川、湖などの水源が近くにあることが条件です。

極端な例を挙げると、砂漠のように乾燥した場所や、土と氷しかない山の上などでウォータージェットを用いるのは難しいということです。

また、水で加工しますので、水溶性のものや、水に濡れてはいけないものには使えないという弱点もあります。

例えば、トイレットペーパーは水溶性ですので、ウォータージェットで切ろうとした瞬間に濡れた部分が溶け、形が崩れてしまいます。このようなものは従来のように刃物で切るしかないのです。

はつったり切ったりする場合は、水の力を高めるために研掃材を混ぜ込みます。この混合水のことをアブレーシブ・ウォーターといいます。

研掃材は基本的には一度しか使いませんので、アブレーシブ・ウォーター内の研掃材はきれいに回収し、処理する必要があります。研掃材の購入と処理にコストがかかる点もウォータージェットの弱点といえます。

ウォータージェットはさらに進化する

ウォータージェットはさらなる進化と普及が期待されています。

では、具体的にどんな進化が考えられるのでしょうか。

本書の最後に、ウォータージェットの今後について考えてみましょう。

まずは水中での活用です。つまり、水の中にある物体を、水の力で洗ったり削ったり切ったりするということです。

水の中で作業すれば、洗浄して落とした汚れや削りカスなどを洗う手間が省けます。過去に例はありませんが、もしかしたら水没した船などを解体したり、海底の岩を切断したりすることがあるかもしれません。

ウォータジェットで作業する条件面で見ると、地上と水中で大きく違うのは水の抵抗を受けることです。

地上での作業でも空気の抵抗を受けるため、ウォータージェットの水勢は噴出口から離れるほど低下していきます。具体的には、噴出口から10cmほどの距離であれば水勢は衰えませんが、50cmほど離れると勢いは半減します。

水中の場合はさらに抵抗を受け、2cmくらい離れたところから勢いが衰え始め、10cm離れたところでは半減します。

これは現状のウォータージェットの課題ですが、見方を変えれば、技術改良によって進化し、活用例が増えていく領域ともいえるでしょう。

今後の進化の面でもう一つ期待されているのはウォータージェットの自動化です。

自動車が自動運転技術によって自動化に向かっているように、ウォータージェットの作業も自動化が進み、遠隔操作や無人運転できるようになるでしょう。

ウォータージェットで鉄板を切る作業を例にすると、現状では現場のオペレーターが目と耳を使ってマシンをコントロールしています。

鉄板の厚さは場所によって微妙に違い、付着物の有無や老朽化の度合いによっても切りやすさが変わります。そのため、熟練の作業者が職人芸を発揮し、ウォータージェットの水圧やマシンを動かすスピードを調整しているわけです。

この感覚の部分をデータ化すると、ロボットでも作業可能になります。センサーやスキャナーなどを効果的に組み合わせることで、効率良く、かつ確実に切るための水圧やスピードも計算できるようになります。

そうなれば、高所や深海での作業もできるようになります。

極寒の地でも灼熱の現場でも作業でき、作業者の危険と事故リスクも抑えることができ、ボタンを一つ押すだけで、作業場がきれいになり、部品がカットできます。

昨今のテクノロジーの進化を考えれば、Part3「みずのまち」で見た光景は、決して非現実的な世界ではないのです。

最後になりますが、もしこの本を読んで、少しでもウォータージェットに興味を持っていただけたら、ウォータージェットについて詳しく解説した『鋼の水』をぜひ読んでみてください。まだまだ知らない“水の力”を知っていただけるかもしれません。

出　典

項目	出典元
アドレス	
水は宇宙からやってきた	ナショナルジオグラフィック
https://natgeo.nikkeibp.co.jp/nng/article/news/14/9901/	
引力と温度のバランスが絶妙	みらいぶプラス／河合塾
https://www.milive-plus.net/gakumon161104/02/	
灼熱の惑星がなぜ「水」星？	ナショナルジオグラフィック
https://natgeo.nikkeibp.co.jp/nng/article/news/14/5351/	
地表で循環する水の総量は決まっている	海と船なるほど豆事典
https://www.kaijipr.or.jp/mamejiten/shizen/shizen_5.html	
トイレの「小」は日本だけ	TOTO
https://jp.toto.com/products/toilet/	
味の決め手は素材と水	evian
https://www.evian.co.jp/water/type/04/	
下水整備はコレラがきっかけ	国土交通省
https://www.mlit.go.jp/crd/city/sewerage/data/basic/rekisi.html	
湖、沼、池には区別の基準がある	国土交通省
https://www.gsi.go.jp/kohokocho/FAQ2.html	
水道水がそのまま飲める国の数	国土交通省
https://twitter.com/mlit_japan/status/1030366103082389504	
1回の消防活動で使う水の量	伊丹市
http://www2.city.itami.lg.jp/Itami/Common/itamifaq.nsf/f9714b8d6bfaed1c4925741c002a0e72/9ecacb68fa3630cb4925730b0018cf77?OpenDocument	
命が危険になる脱水の割合	サントリー
https://www.suntory.co.jp/eco/teigen/jiten/science/09/	
大人が1日に排出するオシッコの量	サントリー
https://www.suntory.co.jp/eco/teigen/jiten/science/11/	

項目	出典
水洗トイレの普及率（水洗化率）の全国平均	総務省統計局
https://www.stat.go.jp/data/jyutaku/2008/nihon/2_5.html	
21世紀中に海面が上昇するといわれている高さ	全国地球温暖化防止活動推進センター
https://www.jccca.org/faq/faq01_06.html	
生のレタスに含まれる水分の割合	野菜ナビ
https://www.yasainavi.com/eiyou/eiyouhyou/direction=desc/sort=water/level=1	
日本人一人が1日に使う水の量	TOTO
https://jp.toto.com/greenchallenge/value/q02.htm	
不衛生な水が原因の下痢で毎年死亡する子どもの数	ユニセフ
https://www.unicef.or.jp/news/2017/0146.html	
手を石鹸で洗い、15秒流水ですすいだときに残るウイルスの割合	国立医薬品食品衛生研究所
https://www.mhlw.go.jp/file/06-Seisakujouhou-11130500-Shokuhinanzenbu/0000105095.pdf	
蛇口を90度ひねったときに出る1分間の水の量	生活知恵袋
https://www.seikatu-cb.com/suidou/sknow.html	
シャワーを1分で使う水量	TOTO
https://jp.toto.com/greenchallenge/value/q04.htm	
日本で初めて水道（近代水道）の仕組みが作られた年	東京都下水道局
https://www.gesui.metro.tokyo.lg.jp/business/kanko/tanbou/vielle-photo/	
河川法で定められた日本の河川の数	国土交通省
https://www.mlit.go.jp/river/toukei_chousa/kasen_db/index.html	
アルカリイオン水のｐＨ	東邦大学
https://www.lab.toho-u.ac.jp/med/ohashi/eiyobu/blog/tjoimi000000225i.html	

著者プロフィール

林 伸一（はやし しんいち）

1961年、愛知県生まれ。
1985年、一橋大学社会学部卒。
1990年、ウォータージェット工法を用いて生産設備・インフラの維持・管理を行う日進機工株式会社に入社。2011年、代表取締役に就任。
東日本大震災の際、石油コンビナートの火災の原因を調査すべくウォータージェット工法で損壊した球形タンクの切断を依頼される。火気厳禁という制約のなか安全に遂行し、その技術力が高く評価される。現在は「ウォータージェット工法の技術を活かし、お客様の仕事を成功に導く」をモットーに日々邁進中。
またゴジラやウルトラマンなどの昭和の特撮映画が大好物であり、ときに仕事を忘れて話し続けてしまうほどのおちゃめな一面を持つ。

本書についての
ご意見・ご感想はコチラ

みずすまし

2020年６月25日　第１刷発行

著　者　　林 伸一
発行人　　久保田貴幸

発行元　　株式会社 幻冬舎メディアコンサルティング
〒151-0051　東京都渋谷区千駄ヶ谷4-9-7
電話　03-5411-6440（編集）

発売元　　株式会社 幻冬舎
〒151-0051　東京都渋谷区千駄ヶ谷4-9-7
電話　03-5411-6222（営業）

印刷・製本　瞬報社写真印刷株式会社
装　丁　　三浦文我

検印廃止

Printed in Japan
ISBN 978-4-344-92928-9　C0095
幻冬舎メディアコンサルティングHP
http://www.gentosha-mc.com/